污水处理的生物相诊断

[日] 株式会社　西原环境　著
（株式会社西原環境）

赵庆祥　长英夫　译

U0196463

化学工业出版社

·北京·

图书在版编目（CIP）数据

污水处理的生物相诊断/［日］株式会社西原环境著；赵庆祥，长英夫译. —北京：化学工业出版社，2012.7（2023.5重印）
ISBN 978-7-122-14409-6

Ⅰ.污… Ⅱ.①株…②赵…③长… Ⅲ.污水处理设备-生物相-研究 Ⅳ.X703

中国版本图书馆CIP数据核字（2012）第113147号

Copyright © 株式会社西原環境 2010
Original Japanese edition published by 株式会社産業用水調査会
Chinese simplified character translation rights arranged with 西原環保工程（上海）有限公司 2011
Chinese edition printed and published by Chemical Industry Press

本书中文简体字版由株式会社西原环境授权化学工业出版社独家出版发行。未经许可，不得以任何方式复制或抄袭本书的任何部分，违者必究。

北京市版权局著作权合同登记号：01-2012-4502
责任编辑：左晨燕　　　　　　　　装帧设计：关　飞
责任校对：宋　夏

出版发行：化学工业出版社
　　　　　（北京市东城区青年湖南街13号　邮政编码100011）
印　　装：天津图文方嘉印刷有限公司
850mm×1168mm　1/32　印张3¼　字数76千字
2023年5月北京第1版第12次印刷

购书咨询：010-64518888　　　　售后服务：010-64518899
网　　址：http://www.cip.com.cn
凡购买本书，如有缺损质量问题，本社销售中心负责调换。

定　　价：48.00元　　　　　　　　版权所有　违者必究

中译本前言

生物法是世界各国废水处理最常用的方法，城市生活污水几乎都用生物法处理。因此，生物法运行调控的科学有效性对实现节能减排，保护水环境具有十分重要的作用和意义。生物法的主体是微生物，然而目前生物法的运行调控主要还是根据物理化学的分析结果，不能准确判断生物处理系统的真实状态，难以达到预期的调控目标。由日本株式会社西原环境著的《排水处理的生物相诊断》一书建立了污水处理的生物相诊断技术，把生物法运行调控从主要依靠物理化学分析转变为物理化学分析与生物相诊断技术相结合，使调控更加科学合理有效。

该书是原著者西原环境公司三十多年实践经验的总结，汇集了公司团队的集体智慧。在此衷心感谢西原环境公司为推动中日文化技术交流积极支持中译本的出版。

执笔者大下信子女士尽力支持和推动该书中译本的出版，长英夫先生在百忙之中投入精力进行翻译和审校，并协调相关出版事宜。华东理工大学环境工程系孙贤波副教授对微生物名称的准确翻译提出了不少宝贵意见，在此一并致谢。

由于水平限制，特别是涉及微生物名称和行为的准确理解和表述难免存在不少问题，欢迎广大读者批评指正。

译 者
2012 年 3 月

前　言

　　将污水放置一定时间并吹入空气会产生絮凝性良好的絮状体，这就是活性污泥。用显微镜观察活性污泥，可看到茶色的污泥及围绕其周围活动的原生动物和微型后生动物。微生物只有适应环境的种类才能生存，因此，显微镜下观察到的这些微生物可以说是最适应这种环境的生物。根据观察到的生物种类来判断以活性污泥法为代表的曝气池污泥的环境（状态），这就是生物相诊断技术。

　　活性污泥中出现的生物有细菌类、真菌类、原生动物、藻类和微型后生动物等。原生动物、微型后生动物及部分细菌类总称为活性污泥的生物相。利用生物相对活性污泥法进行维护管理的历史已很长。生物相诊断的优点是：可了解从过去到现在为止整个过程的变化，预测维持现状继续运行的未来结果。缺点是：若状态发生急剧变化，指示生物从增殖到生物相处于稳定需要时间。因此，条件改变后不能立即进行诊断，同时进行诊断必须要有一定程度熟练的技能。

　　面向活性污泥法的水质管理者已出版了许多专著。在这些专著中刊载了表示原生动物和微型后生动物外部形态的插图、说明和黑白相片。用图表示的外部形态对显微镜观察熟练者是很喜欢的参考资料，但初学者要根据外部形态图和黑白相片，鉴别显微镜实际观察到的生物却并不容易。

　　株式会社西原环境技术（原名：西原环境卫生研究所）已将《活性污泥的生物相——从生物相进行维护管理》（文献1）1979年发行（以下称旧书）整理成书。该书作为一本污水处理维护管理者的生物相入门书，已得到许多读者的广泛利用。旧书发行以来已经历了约30年，这次对旧书做了大幅度修改，由产业用水调查会正式出版。与旧书发行的30年前相比，指示生物没有变化，但生物分类体系已采用分子生物学方法，许多种群的分类做了修正。现在将进入新的分类体系时期，不过指示生物用旧分类表示更容易理解，故本书仍使用旧分类。从30年前公害对策以去除BOD为主要目的，到近年来要求在节能前提下将营养盐去除作为地球环境对策，经常能观察到的生物相已有所不同，这似乎反映了时代的变化。本书若能被广大从事水处理的工作者所利用，我们将感到十分荣幸。

株式会社西原环境技术　2008年11月

译者注：株式会社西原环境技术自2011年4月起更名为株式会社西原环境

目　录

1 生物相诊断的意义

　　曝气池生物相诊断是根据出现的生物种类和数量来判断曝气池状态的一种技术。污水处理厂生物处理中出现的生物都是能飞散到大气中的生物。存在于土壤和大气中的生物被认为是通过雨水等各种途径混入下水道，最终汇集到污水处理厂的。微生物只有适应环境的种类才能生存，因此，混入进来的生物中适应曝气池环境的微生物种类才增殖，环境发生变化，能够生存的微生物也会变迁。若预先找到了增殖微生物（指示生物）种类与适应环境之间的基本规律，那么观察出现微生物的种类和数量（生物相），就能判断曝气池的状态。

　　本书中指示生物分为：按曝气池的微生物有机负荷状态定性地分为五个群时的指示生物及曝气池异常状态时的指示生物。每个群（组）的指示生物其体形、大小、游泳方式和生活类型等特征有很多相似之处，即使不知道每个生物的正确名称，只要观察到类似某个群特征的生物就可作为诊断的参考。指示生物是指显微镜观察能够识别、鉴定的原生动物、微型后生动物和一部分细菌类。参考本书的相片和插图，若能识别显微镜观察到的生物种类属于哪个群，诊断曝气池的状态就迈出了第一步。

　　通常的水质分析值在连续处理过程中只表示取样这一点的状态。为了取得有代表性的平均值可进行多点采样，但仍然有局限性，例如假定有少量有毒物质混入到了污水处理厂，除非毒物混入时间与取样时间重叠，否则难以掌握是否有毒物混入。而用生物相诊断只要曝气池的生物受到毒物影响，毒物混入后就能推测出来。生物相诊断即使出现的生物种类发生了变化，因为它的尸体和痕迹还残留着，过去的状态大致也能判断出来。同时，掌握初始增殖的生物就能预测继续保持相同条件时的未来。生物相诊断具有不仅能了解现状，还能掌握随时间变化的特点。然而生物相诊断随着状态的变化，生物相从变化到趋于稳定，生物增殖等需要时间。进行水质管理时，把日常检测项目、水质试验和活性污泥法试验的结果与生物相诊断结合起来综合判断十分重要。

2 生物相诊断的概要

2.1 活性污泥法过程中有机物的去除

流入曝气池的有机物主要由好氧细菌和兼氧细菌分解去除。分解去除的机制是细菌类通过利用分子态溶解氧呼吸,将一部分有机物氧化分解为无机的二氧化碳和水,其余大部分有机物用于合成细胞。呼吸获得的大量能量被细菌类生命活动及细胞合成所消耗。

流入的有机物、细菌和溶解氧的量三者处于良好的平衡状态时,有机物几乎全部被分解去除。平衡状态好,细菌类形成沉降性能优良、絮凝性良好的活性污泥絮体,因而能得到良好的处理水质。平衡状态恶化,流入的有机物量比细菌类所需要的多时,即使有足够的溶解氧存在,有机物也来不及分解去除,随处理水流出。此时细菌类在不断增殖,絮体没有絮凝性,因而在沉淀池中无法进行固液分离。若恶化继续,连细菌数量也变得难以维持。相反,有机物量比细菌类所需要的少,单位数量细菌得到的能量少,细胞合成量减少。因此,曝气池的污泥停留时间延长,絮体失去絮凝性,成分散状态随处理水流出。即使有机物量比细菌类所需要的少,若溶解氧量成了制约因素,溶解氧量少,分解速度慢,因而有机物量接近过多状态。

捕食游离细菌生活的是原生动物和微型后生动物等小动物。原生动物、微型后生动物不直接分解流入的有机物,而捕食活性污泥中的不凝性细菌,有些种类可起到提高处理水透明度的作用。

2.2 细菌类去除有机物的机理

表示好氧菌去除有机物的机理如下。有机物先被吸附到细菌的表面,其中、低分子的有机物直接被摄入到菌体内,而高分子有机物则由胞外酶将其小分子化后摄入体内。摄入的一部分有机物利用分子态溶解氧，通过好氧呼吸分解成二氧化碳和水。有机物是碳水化合物时的反应式用式（1）表示。

$$C_xH_yO_z+(x+\frac{y}{4}-\frac{z}{2})O_2\rightarrow xCO_2+\frac{y}{2}H_2O-\Delta H \tag{1}$$

这个反应中产生的能量用作细菌类生命活动和细胞合成所需的能量。摄入菌体内后呼吸代谢未消耗的剩余有机物用于合成新细胞。其反应式用式（2）表示。

$$n(C_xH_yO_z)+nNH_3+n(x+\frac{y}{4}-\frac{z}{2}-5)O_2$$

$$\rightarrow(C_5H_7NO_2)_n+n(x-5)CO_2+\frac{n}{2}(y-4)H_2O+\Delta H \tag{2}$$

*$C_5H_7NO_2$表示好氧细菌类的定性式

式（1）、（2）表示流入的有机物全部被分解去除。

增殖的细菌类若因老化，细胞内能量贮存物质不足，则被细胞内的各种水解酶自氧化。反应式用式（3）表示。

$$(C_5H_7NO_2)_n+5nO_2\rightarrow5nCO_2+2nH_2O+nNH_3-\Delta H \tag{3}$$

式（1）～式（3）是曝气池中通常发生的有机物去除机制。

2.3 絮体状态与生物相的变迁

根据生物相对活性污泥法进行维护管理时，污水空曝（不投加生物，只通入空气）得到的生物种群的变迁，即摄取有机物增殖的细菌类随时间的变化，以及随有机物量与生物量之比（F/M比）的改变，原生动物和微型动物出现的先后顺序是生物相诊断的基础。

污水空曝时的活性污泥生物出现顺序示于图1。先是出现直接捕食流入基质（有机物）的细菌类，之后出现原生动物捕食细菌类，形成微型后生动物捕食原生动物和细菌类的食物链。详细表示图1中原生动物出现顺序的生物相变迁示于图2。

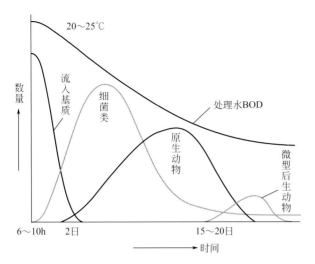

图1 污水空曝时的活性污泥生物出现顺序

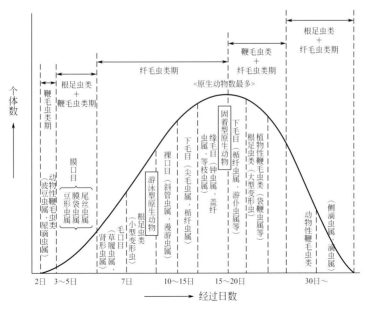

图2 活性污泥形成过程中生物相的变迁

2.4　按有机负荷状态划分的五个群

活性污泥法是将流入的有机物通过曝气转换成生物（絮体），再分离成处理水和固体的技术。维持固液分离性能良好的絮体状态是运行管理的重要操作因素。最好通过观察絮体的状态就能判断曝气池的状况，但实际上相当困难。取而代之，将有机负荷状态分为五个群，通过观察捕食细菌类的原生动物和微型后生动物的变迁来判断絮体的状态。每个群利用图1和图2确定原生动物和微型后生动物的指示生物。曝气池有机负荷状态分为以下五个群。

Ⅰ群：负荷非常高状态下出现的生物

相对有机物量细菌量非常少，絮体处于不凝性状态。细菌类不断增殖，游离细菌多，因此，出现很多有利于捕食不凝性细菌的小型鞭毛虫类。

Ⅱ群：高负荷状态下出现的生物

与Ⅰ群相比有机物的分解在进行，细菌量在增加，絮体正在不断形成，但处理水中还残留未分解有机物的状态。细菌类的增殖还很活跃，游离细菌多。因此，出现很多相对虫体胞口小，全身被纤毛覆盖的椭圆形或蚕豆形游泳型纤毛虫类。

Ⅲ群：负荷从高或低的状态趋向良好状态时出现的生物

有机物进一步被氧化，处理水中已无未分解有机物。絮体的絮凝性良好，但周围还存在不凝性游离细菌，因而出现许多或在絮体周围游泳或钻入絮体内部捕食不凝性游离细菌的生物。这类生物相比虫体胞口占的比例比Ⅱ群大。

Ⅳ群：处理良好状态下出现的生物

细菌量、有机物量和溶解氧量三者处于良好的平衡状态，絮凝性好，粒径又大的絮体多起来。絮体的絮凝性变好，粒径变大就出现许多固定在絮体上，靠搅动水流捕食水中细菌类的缘毛目（日本名挂钟虫属）以及前端有圆形黏性吸管，捕捉游泳小虫、吮吸虫体原生质的吸管虫目生物。

Ⅴ群：负荷低或污泥停留时间长状态下出现的生物

相对细菌类有机物量一直处于缺少状态。絮体多种多样，有的呈团块状，有的分散带有解体气味，也有的仍处于良好状态。因为污泥停留时间长，出现许多接近1000μm左右（1mm）的大型游泳型生物、微型动物、身体周围有硬壳的变形虫以及有粗鞭毛、轮廓清晰的植物性鞭毛虫类等。

同时增加了仅根据有机负荷不能判断的异常状态的四个组。

A组：溶解氧不足状态下出现的生物

B组：存在死水区状态下出现的生物

C组：引起污泥膨胀的丝状细菌

D组：引起发泡的生物

例如负荷低，污泥停留时间长的情况下能观察到Ⅴ群的生物。负荷降低，减少空气量运行，曝气池的活性污泥混合不均匀，池底会出现氧气不足，这时可同时观察到Ⅴ群的生物和溶解氧不足的生物。测定出现的指示生物数量后按群和组统计，最适应环境现状的生物个体数最多。根据Ⅰ～Ⅴ群和四个组生物数量的统计结果，就能掌握曝气池的大致状态。指示生物中也有运动少、识别困难的种类，因此，显微镜观察要反复多次，这是非常重要的。

曝气池状态的分组和指示生物是基于悬浮活性污泥法确定的，但污水和生活污水即使用其他处理方式，曝气池状态与指示生物的相关性基本相同。在微生物固定在载体上的生物膜法中，往往能观察到污泥停留时间长，存在死水区域出现的生物以及溶解氧不足状态下出现的生物。但若生物膜表面存在许多良好状态下出现的生物，大多数情况下处理没有问题。在同一个池内进行固液分离和氧化处理的间歇式活性污泥法中，也往往能观察到絮体内溶解氧不足状态下出现的螺旋体和贝氏硫细菌，但处理状况用活性污泥法基本相同的指标也能诊断。活性污泥法以外的处理方式，结合处理方式的特点做些说明是必要的，但基本的指示生物仍可作为参考。

工业废水处理时，由于进水的生物分解性难易程度，氮、磷、微量金属等营养盐的平衡状态，处理方式等原因与生活污水处理不同，出现的生物种类有差别，有些设施根据原生动物和微型后生动物进行生物相诊断会有困难。不过通过不断观察，往往也能掌握这些设施的生物相特点。

3 生物相的观察方法

3.1 样品取样位置与操作

进行生物相诊断的样品取样位置因处理方式、调查目的不同而有所区别。调查完全混合型活性污泥法处理状况时在曝气池末端取样。代表性处理方式和各种调查目的的取样位置列于表1。生物相观察用的样品注意不要与不同的样品混合。取样器具要洗涤干净。原生动物和微型后生动物有可能因水温降低活动停止，变得难以观察或者死亡，因此，样品绝对不能放入冷藏、冷冻箱内。样品需要保存时，在常温下操作并尽早用心观察。运送时在250～500mL的容器内装入1/3～1/4左右的样品，上部注入空气密封，常温下送走，与必须冷藏、冷冻运送的样品分开处理。

表1 代表性处理方式和各种调查目的的取样位置

处理方式		调查目的	取样位置	样品状态
活性污泥法（悬浮法）	完全混合型	总体调查	流向沉淀池的溢流口附近	取出的混合液或生物膜装入约500mL塑料瓶容量的1/4左右，常温下运送
	多级推流型	处理状况	流向沉淀池的溢流口附近	
		性能调查	各池末端的溢流口附近	
载体投料法			与活性污泥法相同	
生物膜法	接触氧化法	处理状况	流向沉淀池的溢流口近旁的生物膜	
		短路	进水口近旁及其底部、沉淀池溢流口近旁3处的生物膜	
		供氧状况	流向沉淀池的溢流口近旁的生物膜，回流水	
	生物转盘法	处理状况	最后一块盘片的生物膜	
		供氧状况	第1级生物膜和按等差级数选择的盘片生物膜	

3.2　显微镜观察方法

样品先搅拌均匀，用定量移液管从容器底部取0.05mL滴到载玻片上，压上盖玻片(18mm×24mm)，放到显微镜下。显微镜观察先从放大100倍（目镜10倍×物镜10倍）开始。取样时用容易取到活性污泥絮体的大口径定量移液管。移液管不能公用，每次取样要更换。

开始在100倍下观察总体状况。环视整个视野，大致掌握絮体状态、出现的原生动物和微型后生动物属于哪个群。观察絮体的粒径、形状的均匀性、压密性，有无丝状细菌。絮体形状均匀，表示曝气池的搅拌、曝气状态均衡。絮体的大小形状分散时，污泥停留时间长，曝气池搅拌、曝气状态不均衡的可能性大。

其次，观察絮体与絮体之间的水中有无悬浮物和游离细菌。絮体之间的水中悬浮物多，流到处理水中的悬浮物（SS）量也会增多。要掌握生物相中体形最大的生物种类，最大的生物表示曝气池污泥停留时间。100倍观察不清楚的细微部位，必须放大400倍以上观察。特别是生物的口、鞭毛数量、生长方式，纤毛虫类的纤毛生长方式及丝状细菌的识别等要在400倍以上观察。

3.3　生物量的计测方法

通过计测原生动物和微型后生动物的个体数，可以判断曝气池的状态属于哪个组（群）。正规的计测每类生物须用专门的方法，不过调查每个群的生物数量也能掌握大致的情况。生物量计测是计算放大100倍下一个视野内每个群的生物数量。要观察50个以上视野并注意相同的视野不要重复。所有视野观察以后，将每个群的生物数汇集，调查生物数多的种群。每个种类的生物个体数可用式（4）算出。

$$\text{各生物个体数（个/mL）} = \frac{\sum_{i=1}^{n} a_i \times \dfrac{1\text{mL}}{0.05\text{mL}}}{n} \times \frac{18 \times 24\text{mm}^2}{S} \qquad (4)$$

式中　a_i——1个视野观察到的各生物数，个；

　　　n——观察的视野数；

　　　S——显微镜一个视野的面积，mm^2。

生物量的判定标准示于表2。

表2　判定标准（Sramek-Husek表示法）

等　　级	生物个体数/（个/mL）	无法数清的生物
+	300以下	极少
++	300～500	少
+++	500～2500	中等
++++	2500～10000	多
+++++	10000以上	很多

4 生物相图谱

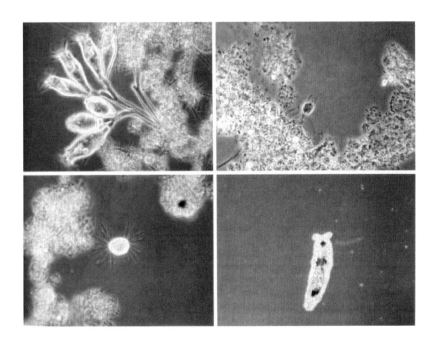

4.1 曝气池的有机负荷状态与指示生物

I 群：负荷非常高状态下出现的生物
（1）絮体与小型鞭毛虫类

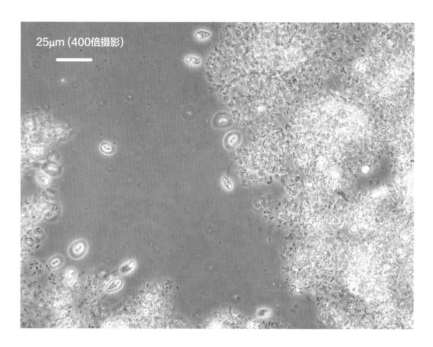

25μm（400倍摄影）

负荷非常高状态下会出现许多动物性小型鞭毛虫类。动物性小型鞭毛虫类即使将显微镜放大到400倍观察，如果不熟练要找到虫体也很困难。熟练后能在絮体内部、絮体与絮体之间的水中发现似乎在运动的虫体。I群的小型鞭毛虫类最大也只有25μm左右，放大100倍观察时，假定显微镜视野的直径是2000μm，则虫体大小约是其1/80，大致能确认有无虫体存在。为了掌握生物的大小和絮体粒径，通常使用的显微镜视野大小在微米级。

识别小型鞭毛虫类可根据鞭毛数，鞭毛和虫体基部的胞口确定。胞口在鞭毛基部，根据游泳方式可确定鞭毛基部的位置。正确识别 I 群中出现的小型鞭毛虫类，必须用 400 倍以上的高倍率观察，但因虫体的轮廓不清晰，即使高倍率也很困难。

相片是 400 倍（目镜 10 倍×物镜 40 倍）拍摄的。附着在絮体周围的小型鞭毛虫类是跳侧滴虫［参见（3）］。400 倍拍摄个体数多，能确认其存在，但小型鞭毛虫类的准确识别必须要在更高的倍率下观察。即使是低倍率，只要能够确定是否有小型鞭毛虫类存在，就可为曝气池状态诊断提供参考。

● 絮体

显微镜观察到的絮体粒径大小常常比悬浮在曝气池中的絮体粒径大得多，这是因为观察时盖玻片将其压破的缘故。终沉池悬浮絮体的粒径测定结果：小粒径约 30～40μm，大粒径 100μm 左右。然而用显微镜观察，小絮体约 20～30μm，良好絮体的大粒径有时可达 500～800μm。探讨絮体粒径时必须注意，状态不同数值有差别。

絮体粒径可以作为判断曝气池处理状态的参考，但实际的絮体粒径大小受曝气和搅拌等产生的剪切力影响很大，即使在良好期，若曝气池的剪切力大，絮体粒径变得比 500～800μm 小。200μm 左右的絮体上也有独缩虫类等（17）缘毛目群体固着的现象。用显微镜观察判断絮体状态时，除絮体粒径大小外，压密性、絮凝性、有无刚增殖的新生态污泥、絮体与絮体之间悬浮物数量等也可作为参考。

（2）新生态污泥的菌胶团

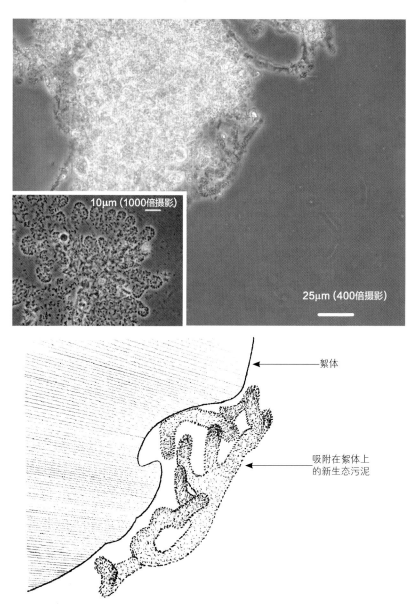

10μm (1000倍摄影)

25μm (400倍摄影)

絮体

吸附在絮体上
的新生态污泥

　　能观察到新生态污泥的菌胶团表示有机物大量存在，细菌类处于显著增殖状态。左页相片和插图是在水中单独观察到的新生态污泥菌胶团及附着在其他絮体上的新生态污泥菌胶团。形成单独的新生态污泥菌胶团时，表示水中有大量有机物存在。形成附着在絮体周围的新生态污泥菌胶团时，表示某些有机物能被絮体大量吸附，在吸附点细菌反复不断显著增殖。有机物首先被絮体吸附，若来不及被吸附，则在水中形成新生态污泥菌胶团。

　　形成新生态污泥菌胶团的细菌类中有名的是动胶杆菌（Zoogloea）。动胶杆菌是具有凝聚性细菌的代表性种类，一般认为不会成为优势菌。由于构成活性污泥的细菌种类很多，判别新生态污泥菌胶团是否是动胶杆菌必须用法定的方法鉴定。

（3）侧滴虫属（*Pleuromonas*）

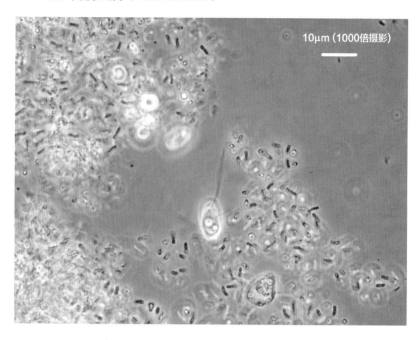

10μm (1000倍摄影)

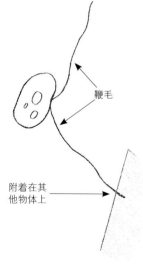

鞭毛

附着在其他物体上

体长：6～10μm

侧滴虫的虫体呈蚕豆形，从凹陷处长出2根鞭毛，鞭毛长度是虫体的2～3倍，1根向前伸，另1根向后伸。它的特征是后端的1根鞭毛固着在絮体上作为支点，用虫体和另1根鞭毛做跳动。常出现在溶解氧不足、污泥解体等原因引起絮体周围自氧化分解产生的游离细菌增多的状态下。通常活性污泥一部分会自氧化，因此即使处理水水质良好，有时也能观察到侧滴虫。

（4）滴虫属（*Monas*）

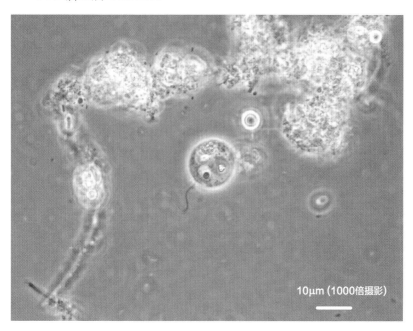

10μm (1000倍摄影)

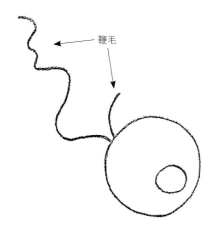

鞭毛

体长：10 ～ 15μm

滴虫呈球形，虫体前端有2根鞭毛，但短鞭毛大多观察不到。偶尔从与鞭毛相反一侧的虫体后部伸出附着器附着在其他物体上。作为小型鞭毛虫类轮廓清晰。

在无有机物，污泥解体发生时大多能观察到。由于活性污泥一部分常常会自氧化，即使处理水质良好，有时也能观察到滴虫。

Ⅱ群：高负荷状态下出现的生物
（5）膜袋虫属（*Cyclidium*）

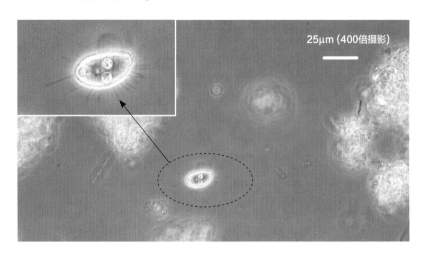

25μm (400倍摄影)

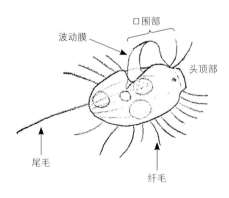

口围部
波动膜
头顶部
尾毛
纤毛

体长：25～30μm

虫体呈卵圆形，平整的头顶部无纤毛，而虫体周围有稍长的纤毛。与尾丝虫不同，口围部有达到体长1/2的显著的波动膜，捕食时扩展长纤毛。活动方式也与尾丝虫不同，膜袋虫的特征是反复静止、跳跃。

在负荷高时容易观察到。虽然出现环境与尾丝虫相似，但出现频率远比尾丝虫高。

（6）尾丝虫属（*Uronema*）

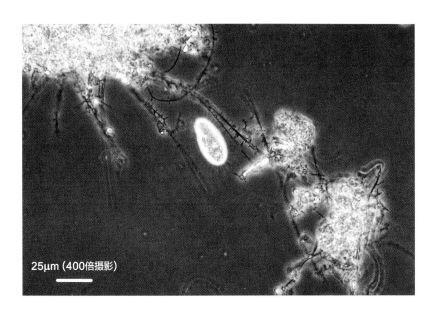

25μm（400倍摄影）

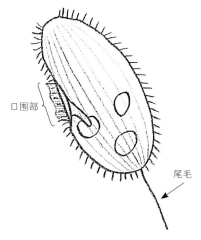

口围部

尾毛

体长：25 ～ 50μm

虫体呈卵圆形，头顶部没有纤毛，尾毛长等与膜袋虫相似。尾丝虫头顶部比膜袋虫圆，相对虫体长度口围部的膜稍小，除尾毛外虫体周围的纤毛长度短。游泳方式与膜袋虫不同，不跳跃，快速连续地旋转游泳。

在负荷高时能观察到。

（7）肾形虫属（*Colpoda*）

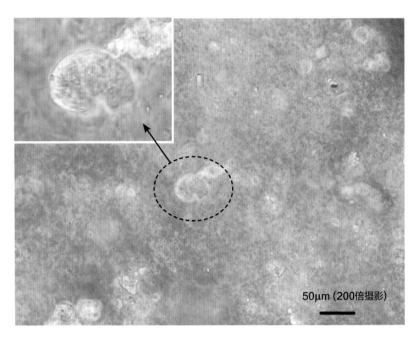

50μm (200倍摄影)

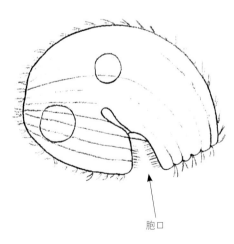

胞口

体长：40 ～ 110μm

肾形虫呈蚕豆形或肾形，在侧面中央稍靠近头顶部有胞口。胞口的特征像向体内深度张开的一个锯齿状三角形空洞。有时一边旋转一边游泳。

在pH高、氨氮多时经常出现。在粪便处理设施及接纳粪便的污水处理厂中负荷高时能观察到。

（8）草履虫属（*Paramecium*）

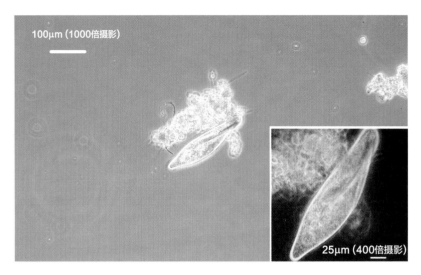

100μm（1000倍摄影）

25μm（400倍摄影）

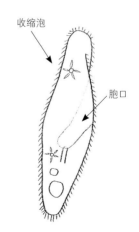

收缩泡

胞口

体长：100 ～ 300μm

草履虫大多数种类已被确认，其特征是所有的种类有2个收缩泡，1个在前端，另1个在虫体的中央部位。收缩泡有时张开成花的形状，但通常张开成圆形。虫体呈卷叶状或足形，大多呈扭曲的体形。虫体表面纤毛一样长，但后端有稍长的倾向。

在溶解氧略不足时大多能观察到。通常与螺旋菌、硫黄细菌的长杆菌和丝状细菌的贝氏硫细菌等溶解氧不足时出现的生物同时出现。生物膜法中出现的频率高，大多在溶解氧略不足的生物膜周围能观察到。

Ⅲ群：负荷从高或低的状态趋向正常状态时出现的生物

（9）斜管虫属（*Chilodonella*）

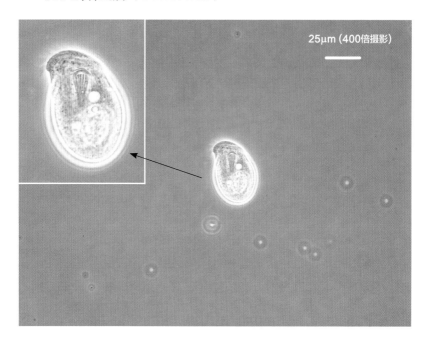

25μm（400倍摄影）

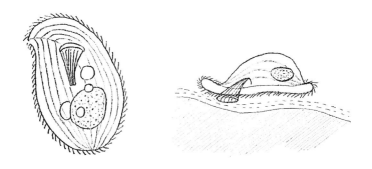

体长：50～100μm

斜管虫呈卵圆形，头顶部一侧有尖突，横向观察虫体中央厚周边薄。在虫体中心靠近头部有咽头，胞口向体表张开。移动姿势大多看似胞口紧贴在絮体上滑动。絮体流动状态下识别斜管虫、漫游虫和扭曲管叶虫很困难。识别斜管虫可在它从絮体中出来后的状态下，根据有无管状的咽头确认。

常出现在趋向良好期的中途，从处理水中还残留有机物到良好状态时能观察到。同时大多也能观察到小型变形虫、尾丝虫和膜袋虫。耐受溶解氧不足的能力弱。

（10）漫游虫属（*Litonotus*）；扭曲管叶虫（*Trachelophyllum*）

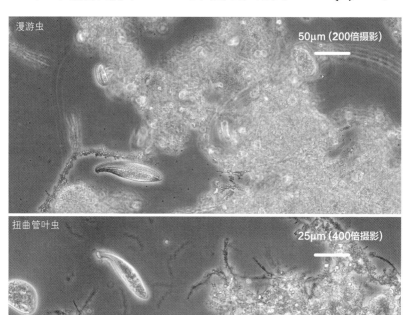

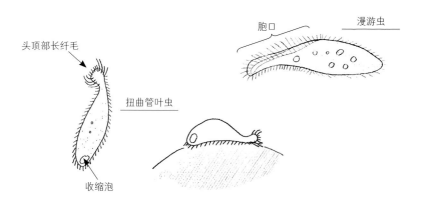

　　体长：漫游虫100μm，扭曲管叶虫50μm

　　漫游虫体形呈壶状，有细长而扁平的头。体长的一半是头部，圆形的一侧有被长纤毛覆盖的胞口，相反一侧有短纤毛。相对虫体胞口大，不仅游离细菌，也捕食所有进入口中的原生动物、小虫类。刚捕食小虫类其腹部呈圆形，头部变得不明显，有时难以识别。

　　漫游虫常出现在负荷从高趋向良好时，以及从良好期趋向污泥解体时，两种状态下都能观察到。

　　扭曲管叶虫的虫体头顶部细，后部粗，初看似漫游虫的形状。漫游虫长的头部一侧有长纤毛，相反扭曲管叶虫的特征是圆筒形的头顶部中央有长纤毛。扭曲管叶虫的出现环境范围广，因此难以成为指示生物。

（11）裂口虫属（*Amphileptus*）

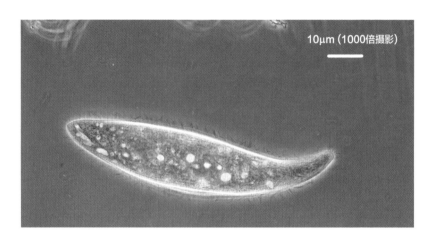

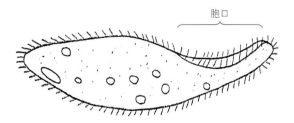

体长：100 ～ 150μm

裂口虫体形呈壶状，虫体前端细后端粗与漫游虫相似。不同的是头部两侧的纤毛长度相同，又比较短。漫游虫胞口上有长纤毛，裂口虫覆盖全身的纤毛长度相同。收缩泡并行2列，大多数都有，这是裂口虫的特征。

出现环境与漫游虫相同，负荷从高趋向良好时，以及从良好期趋向污泥解体时两种状态下都能观察到。出现频率比漫游虫少得多，个体数也不会多。

（12）棘尾虫属（*Stylonychia*）

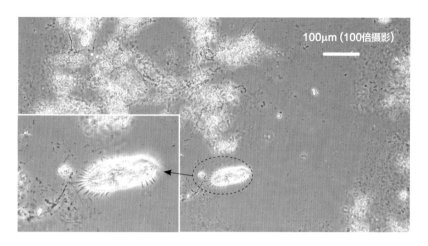

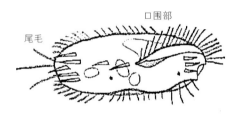

体长：100 ～ 300μm

棘尾虫呈长卵圆形，腹面扁平。口围部在前端顶部，腹面存在明显的刚毛。棘尾虫整个虫体被粗纤毛覆盖，这与尖毛虫（*Oxytricha*）相似，不同的是它有3根长的尾毛。另外，可根据摄食方法与游仆虫区别。棘尾虫将头顶部向前，在絮体内及其周围移动摄食。而游仆虫用刚毛固定在絮体上，再用刚毛搅动絮体周围的细菌来摄食。

棘尾虫出现环境与尖毛虫相同，从高负荷状态趋向良好期以及从良好期趋向解体时都能观察到。有机物被充分氧化时比尖毛虫能更多观察到。与尖毛虫不同的是棘尾虫个体数不会多。

（13）单镰虫属（*Drepanomonas*）

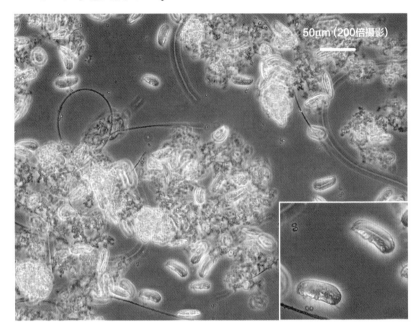

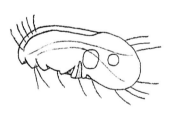

体长：40～70μm

单镰虫呈扁平的半圆状，虫体各处长有刚毛，后端的刚毛特别容易看清楚。游动快，一会儿就停止。

常出现在与尖毛虫和棘尾虫同时期前后，一旦出现即使溶解氧不足状态在继续，大多还能残存，难以成为指示生物。判断曝气池状态时要结合其他生物相综合考虑。

Ⅳ群：处理良好状态下出现的生物

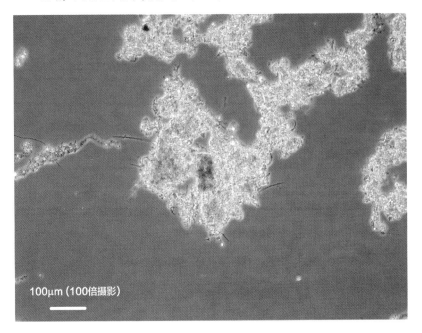

100μm（100倍摄影）

（14）良好的絮体

处理良好时的絮体粒径约 $500\sim800\mu m$，有压密性，呈深褐色。絮体与絮体之间的空隙中观察不到针尖状的小絮体。

（15）楯纤虫属（*Aspidisca*）

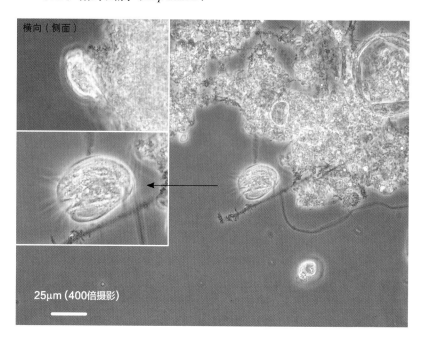

横向（侧面）

25μm（400倍摄影）

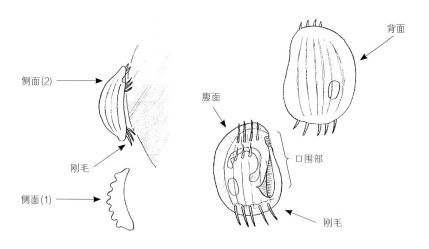

侧面(2)

刚毛

侧面(1)

背面

腹面

口围部

刚毛

体长：30 ～ 60μm

楯纤虫呈卵圆形，腹面扁平，背面有隆起。隆起数因种类不同而异，也有隆起不明显背面看似平的种类。表膜坚硬而无屈伸性。在虫体腹面分布着刚毛（纤毛集结状的毛）。楯纤虫围绕絮体旋转着，用腹面的刚毛扒取絮体周边的细菌捕食。

楯纤虫常出现在从趋向良好期前后到污泥解体期，只要有充足的溶解氧就能观察到。但必须注意，在间歇式活性污泥法中，即使反应器底部存在溶解氧不足的区域，只要上部有溶解氧充足的区域存在它也会出现。楯纤虫对环境变化很敏感，有时溶解氧一减少，瞬间就看不到它的踪影。

（16）钟虫属（*Vorticella*）

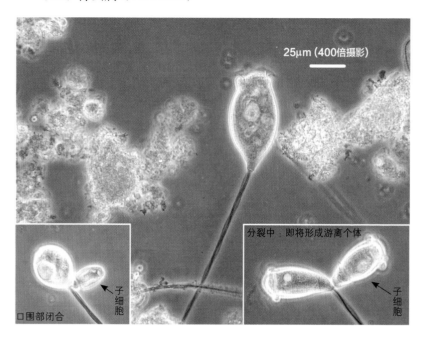

25μm（400倍摄影）

分裂中：即将形成游离个体

子细胞

口围部闭合

子细胞

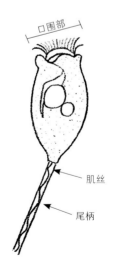

口围部

肌丝

尾柄

体长：35 ～ 85μm

钟虫的日本名称挂钟虫，靠尾柄部分收缩虫体。它的特征是尾柄内有肌丝，无分枝，单独固定在絮体上。尾柄大多伸长成直线状，但有时也卷曲成螺旋状。

处理良好絮体结实后，最初出现的缘毛目生物就是钟虫。钟虫的出现环境因种类不同而异，处理状况可根据口围部大小与细胞宽度之比来判断。口围部与细胞宽度之比小的虫体，在即将变成良好期或从良好期趋向解体期出现。口围部与细胞宽度之比大的在最良好期出现。

钟虫等缘毛目生物收缩时，受到刺激或者状态变得不适应时口围部常常会闭合。有时口围部闭合后立即张开再开始活动，有时一直闭合着停止活动，死亡或形成游离个体等多种情况。

缘毛目生物一旦不适应环境条件，尾柄断裂成游离个体游走。钟虫类甚至在增殖时，增殖的子细胞就形成游离个体游走。游离个体若观察不熟练难以与纤毛虫类区别，不过观察到尾柄上有2个头连着的虫体及无头尾柄时，游离个体的可能性高。游离个体找到环境条件适宜的场所，尾柄重新伸长着床，再开始活动。

相片是口围部张开着的单独虫体、有子细胞口围部张开着的虫体以及有子细胞而口围部闭合着的虫体。子细胞在靠近尾柄基部长出纤毛，头顶部呈圆形即游走。

● 絮体固着型缘毛目的识别方法

具有钟虫那样挂钟状虫体特征的纤毛虫类称为缘毛目（类），处理良好时出现。活性污泥中出现的缘毛目有固着在絮体上的有柄钟虫、独缩虫、聚缩虫、盖纤虫和等枝虫等。它们的外观相似，但不同的种类可根据尾柄的分枝，有无肌丝体（收缩性纤维）及头顶部加以识别。

对挂钟状虫体有1根尾柄（有肌丝体）的缘毛目是钟虫。有肌丝体尾柄分枝的缘毛目是独缩虫和聚缩虫。独缩虫和聚缩虫可根据有无连续的肌丝体来识别。肌丝体连续的聚缩虫其所有分枝尾柄通过肌丝体相互连接，个体收缩时整个群体都收缩。肌丝体不连续的独缩虫的虫体收缩时，没有能使整个群体收缩的尾柄存在。虫体不自发收缩时，可轻轻刺激盖玻片，但要注意刺激过猛，即使独缩虫整个虫体也会收缩。

盖纤虫和等枝虫的尾柄内因无肌丝体，尾柄不收缩。有无肌丝体用显微镜观察可识别。盖纤虫和等枝虫可根据头顶部和尾柄粗细来识别。盖纤虫胞口的细口部圆盘从口围部开始突出，有时尾柄也比等枝虫细而短。等枝虫也有口围部大又厚，尾柄中有肌丝的种类。

（17）独缩虫属（*Carchesium*）

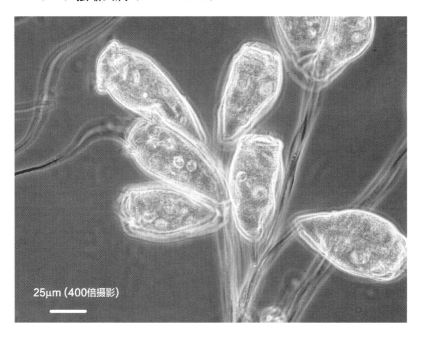

25μm（400倍摄影）

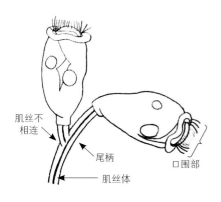

肌丝不
相连

尾柄

口围部

肌丝体

体长：100～200μm

独缩虫形成分枝尾柄相连的群体，尾柄中有互不相连的肌丝。独缩虫因肌丝互不相连，即使1个细胞受到刺激，其他的细胞也不收缩。

独缩虫口围部与细胞宽度相比较大，被固着的絮体既有压密性粒径又大。处理最良好状态时出现，群体的个体数愈多愈良好。类似的有缘毛目中聚缩虫，由相连的肌丝尾柄形成分枝的群体，与独缩虫一样处理最良好状态时出现。

（18）盖纤虫属（*Opercuiaria*）

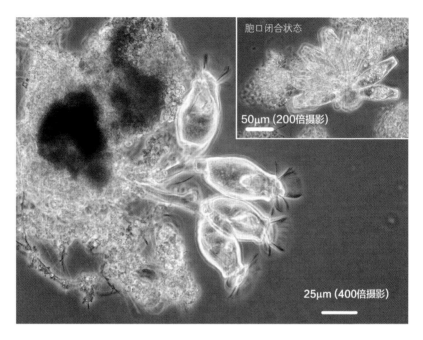

胞口闭合状态

50μm (200倍摄影)

25μm (400倍摄影)

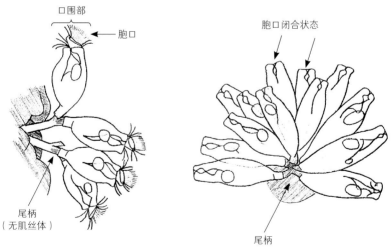

口围部

胞口

尾柄
（无肌丝体）

胞口闭合状态

尾柄

体长：30 ～ 250μm

盖纤虫形成由分枝尾柄相连的群体，尾柄中无肌丝。尾柄中无肌丝与等枝虫相同，不同的是胞口的小口部圆盘从口围部开始斜向突出，尾柄细。盖纤虫在粪便污水比例高的处理厂，处理趋向良好时大量出现。虫体多时形成圆形的群体。有时形成尾柄变得极短，有无肌丝不能分辨的群体。

（19）等枝虫属（*Epistylis*）

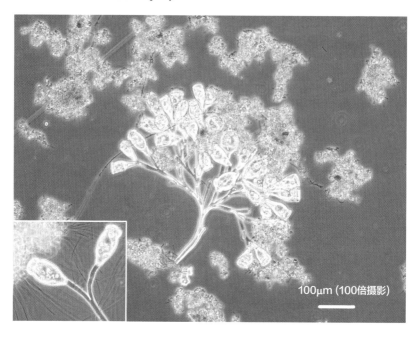

100μm (100倍摄影)

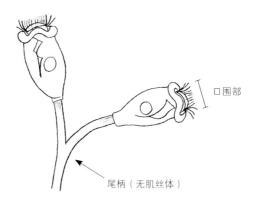

口围部

尾柄（无肌丝体）

体长：50～100μm

等枝虫形成半圆状的群体，尾柄中无肌丝体。与盖纤虫不同的是有非常大而平坦的口围部，无胞口的突出部分，尾柄粗。大多尾柄变得非常长，特别在生物膜法中，常常能观察到游离个体已脱离的长尾柄。仅观察伸长的尾柄，容易与霉菌和丝状细菌混淆。

等枝虫从良好期稍过，污泥趋向解体前后开始出现，一直到解体状态。因虫体大，固着必须要有大的絮体。有时也固着在生物膜法的填料表面及处理水的排水管道等上面，形成个体数多的群体。

（20）摩门虫属（*Thuricola*）

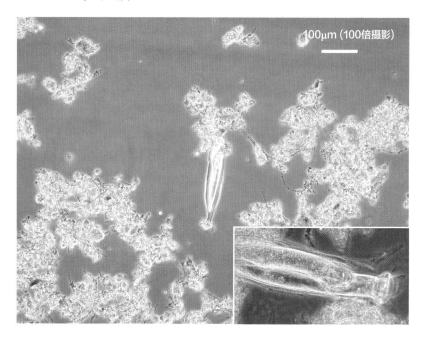

100μm (100倍摄影)

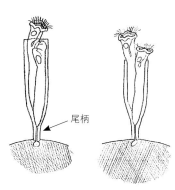

尾柄

体长：200 ～ 450μm

摩门虫虽无钟虫那样远比虫体长的尾柄，但也是缘毛目的一种。长的虫体下面有短的尾柄，其外侧有透明的表壳。用表壳和尾柄附着在絮体上。收缩时虫体缩进表壳中。

摩门虫的出现环境在过了最良好期，趋向解体及低负荷状态，处理水的悬浮物浓度（SS）稍增加时期。

出现环境和形状类似摩门虫的缘毛目中还有鞘居虫。鞘居虫的虫体下无尾柄，直接固着在透明的表壳上。

（21）锤吸虫属（*Tokophrya*）

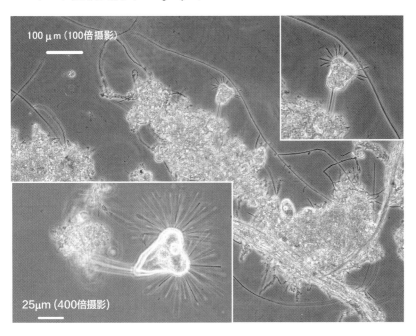

体长：50 ～ 130μm

锤吸虫头顶部有吸管。通常吸管成一束，用吸管捕捉游泳的小虫体，吮吸原生质。尾柄细长，虫体上无表壳。

从污泥趋向解体前后开始出现，一直到解体进行到相当程度，处理水中的悬浮物（SS）浓度升高为止都能观察到。

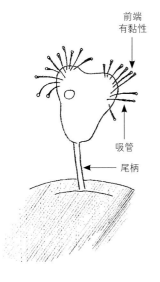

V群：负荷低或污泥停留时间长状态下出现的生物
（22）有解体气味的分散絮体或糊状絮体

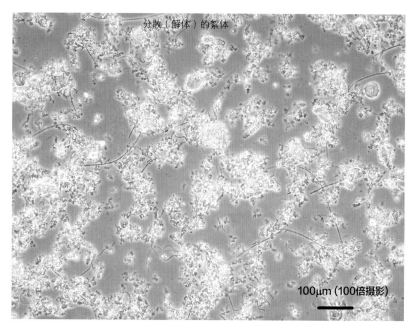

分散（解体）的絮体

100μm (100倍摄影)

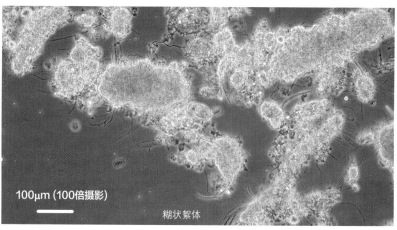

100μm (100倍摄影)

糊状絮体

　　左页上方的相片是解体后压密性恶化的絮体，下方的相片是茶褐色糊状成团块絮体以及在其周围能看到的解体后压密性恶化的絮体。解体后压密性恶化的絮体和I群的新生态污泥菌胶团，用相位差显微镜观察都呈暗绿色。若用400 ～ 1000倍（物镜40 ～ 100倍）观察，新生态污泥菌胶团各类细菌的形状很清晰，而解体后压密性恶化的絮体，细菌类的形状已破裂。

　　V群的负荷低、污泥停留时间长状态下的絮体形态多种多样，可观察到成糊状的絮体，也可观察到压密性恶化的絮体。

（23）单领鞭毛虫属（*Monosiga*）

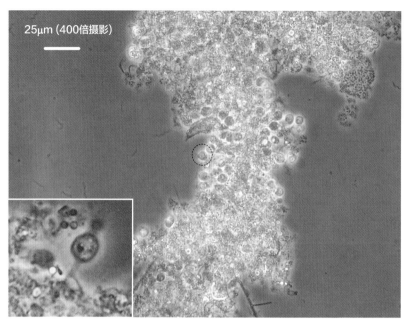

25μm（400倍摄影）

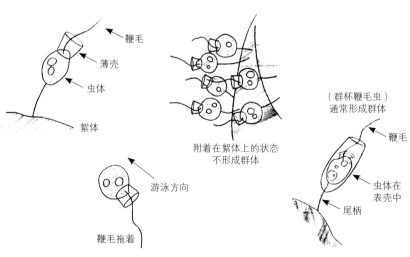

鞭毛

薄壳

虫体

絮体

附着在絮体上的状态
不形成群体

游泳方向

鞭毛拖着

（群杯鞭毛虫）
通常形成群体

鞭毛

虫体在
表壳中

尾柄

体长：10 ～ 15μm

单领鞭毛虫呈卵圆形，虫体前端有透明的薄壳，鞭毛从虫体伸展出来比壳长。单领鞭毛虫是小型鞭毛虫类，因虫体小附着在絮体上，放大400倍以上不仔细观察很难辨别。

在污泥解体进行到相当严重程度时能大量观察到。若溶解氧不足等使单领鞭毛虫的生存环境恶化时，其将前端的鞭毛和透明的壳拖在虫体后面游泳。

出现环境和形状类似的小型鞭毛虫类中还有群杯鞭毛虫。群杯鞭毛虫与单领鞭毛虫不同，卵圆形的虫体进入透明的壳中，通常形成群体，几乎不游泳。

（24）沟滴虫属（*Petalomonas*）

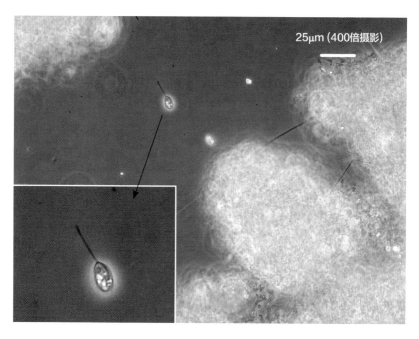

25μm（400倍摄影）

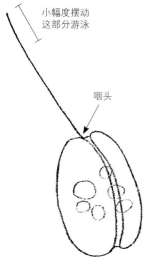

小幅度摆动
这部分游泳

咽头

体长：22～25μm

沟滴虫呈扁平的卵圆形，虫体中央有咽头。从头顶部的咽头附近伸出鞭毛，将鞭毛倾斜着，尖端小幅度摆动游泳。虫体变更游泳方向时，把鞭毛倾斜方向一下从基部移动到前进方向。

大多在污泥解体发生了的时期出现。耐受溶解氧不足的能力强，一旦出现之后，即使溶解氧不足有时也能观察到。

（25）袋鞭虫属（*Peranema*）

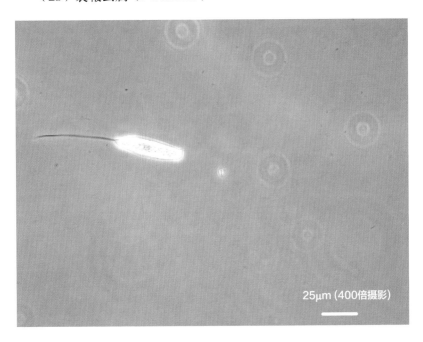

25μm (400倍摄影)

虫体能变形

体长：20 ～ 70μm

袋鞭虫是植物性鞭毛虫类。虫体呈纵向长、底边短的等边三角形，在头顶粗鞭毛的基部近旁有咽头。伸出鞭毛，鞭毛的尖端颤动着游泳。等边三角形的虫体柔软，时而变圆，时而收缩容易变形。识别袋鞭虫需花时间观察，要等到虫体恢复到原来的等边三角形，开始游泳时才能确认。

常出现在负荷低，溶解氧浓度高时，污泥开始解体直到絮体成分散状态都能观察到。

（26）内管虫属（*Entosiphon*）

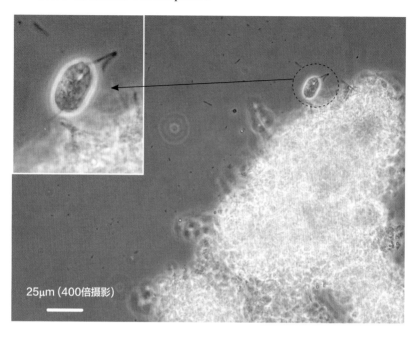

25μm（400倍摄影）

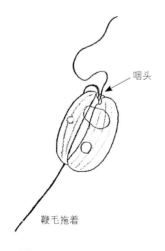

咽头

鞭毛拖着

体长：30 ～ 50μm

内管虫是植物性鞭毛虫类。虫体呈卵圆形，具有从鞭毛基部近旁起到虫体末端止，与虫体相同长度的咽头。有两根鞭毛，其中一根拖在虫体后部。

常出现在从良好期到有污泥解体气味前后，处理水良好时。耐受溶解氧不足的能力强，一旦出现，之后即使溶解氧不足大多还能生存下来。

（27）前管虫属（*Prorodon*）

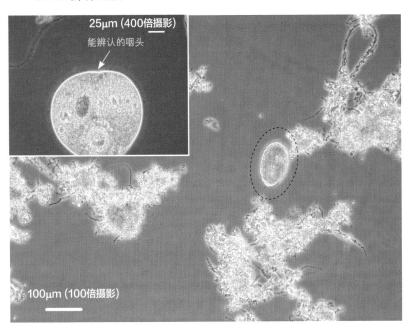

25μm（400倍摄影）

能辨认的咽头

100μm（100倍摄影）

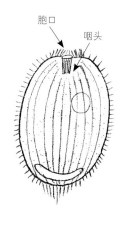

胞口

咽头

体长：100～150μm

前管虫呈长椭圆形，虫体大，慢速旋转着游泳。虫体头顶部有吸管状的咽头，咽头的前端有胞口。饵料从胞口摄入，不仅游离细菌，原生动物和小虫类附着到胞口也捕食。刚捕食原生动物等大虫体，因受捕食生物的影响，有时能观察到体形发生变形的前管虫。

常出现在负荷低的污泥解体初期。前管虫与斜管虫类似，有吸管状咽头，理应归为Ⅲ群，但出现之前必须有一定长的污泥停留时间，出现时期包含在Ⅴ群，故将其归为Ⅴ群。

（28）表壳虫属（*Arcella*）

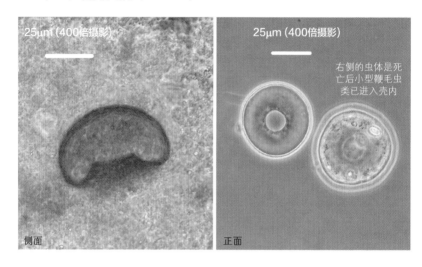

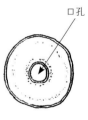

体长：30 ～ 250μm

表壳虫是虫体周围有坚硬外壳的有壳变形虫。虫体从上方看呈圆形，而横向看呈略显扁平的半圆形。口孔在中央，运动、摄食时伸出棒状的足。表壳虫分裂后新生期的虫体透明，老化后虫体变成深褐色。一旦有污泥堆积和死水区，外壳容易着色变成深褐色，可作为有无污泥堆积区的指标。

在处理水良好时大多能观察到。污泥停留时间长、pH 降低、发生硝化时也能观察到。若溶解氧浓度突然下降，负荷升高，条件急剧变化时，壳上产生龟裂而变形。

（29）厢壳虫属（*Pyxidicula*）

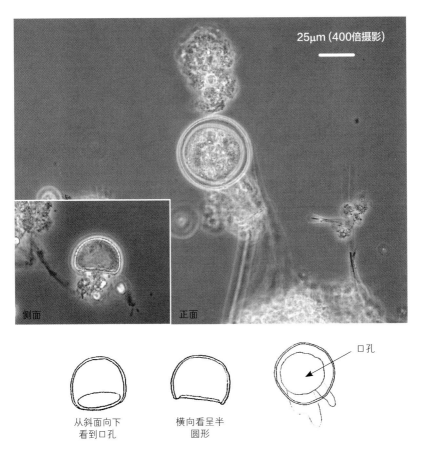

25μm（400倍摄影）

侧面　　　　正面

从斜面向下　　　横向看呈半　　　口孔
看到口孔　　　　圆形

体长：10 ～ 30μm

　　厢壳虫是有壳变形虫的一种。与表壳虫类似，不同的是口孔大小几乎与细胞宽度相同，从横向看虫体近似半球形。体长大小从与表壳虫同样大到必须在400倍以上观察的小虫体。

　　常出现在解体进行到相当严重程度时。生活污水混入率高容易出现。同表壳虫一样，硝化反应一旦进行就能观察到。

（30）匣壳虫属（*Centropyxis*）

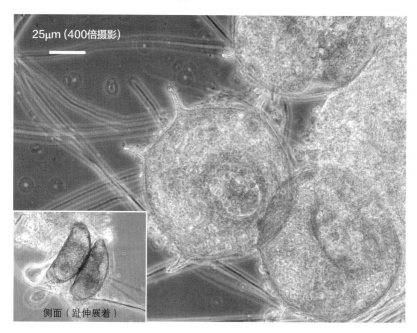

25μm (400倍摄影)

侧面（趾伸展着）

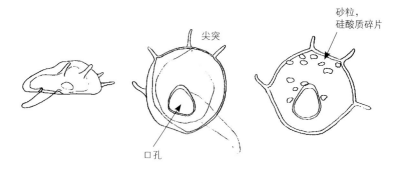

尖突

口孔

砂粒，
硅酸质碎片

体长：120 ～ 150μm

匣壳虫也是有壳变形虫。有时壳表面粘有砂粒、硅酸质碎片。
口孔远离壳中央，在壳的侧面。壳上有2 ～ 10根尖突。

出现环境与表壳虫相同。

（31）磷壳虫属（*Euglypha*）

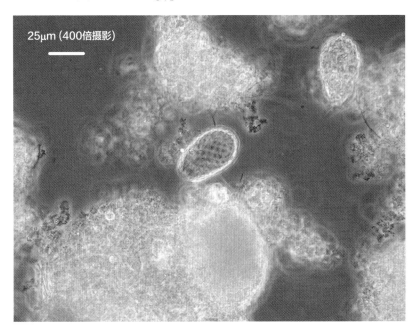

25μm（400倍摄影）

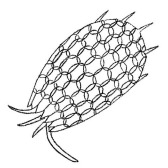

体长：30 ～ 200μm

磷壳虫呈卵圆形，具有透明有规则的硅酸质鳞片或小板块构成的壳，有的壳上有尖突。运动、捕食时伸出丝状的伪足。

在工业废水混入率高，污泥解体时大量产生，甚至成为优势种群。

（32）变形虫（*Amoeba*）类

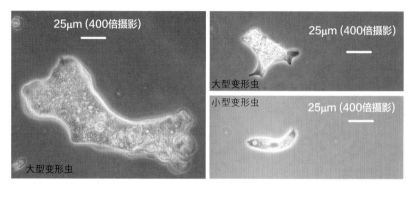

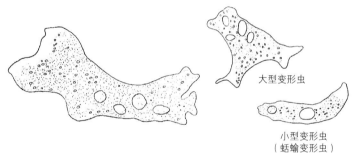

　　体长：小型50～150μm，大型100～300μm

　　变形虫不断变化着外形摩擦移动。变形虫有大型和小型两类。虫体透明难以判别，但观察絮体的周边就能区别。这类变形虫不仅捕食细菌类，也捕食原生动物。

　　在负荷低，污泥解体正在进行时大多能观察到。

（33）板壳虫属（*Coleps*）

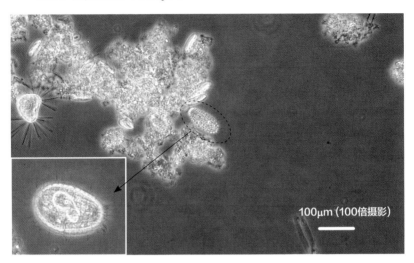

100μm（100倍摄影）

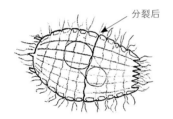

分裂后

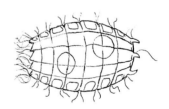

体长：40～65μm

板壳虫呈圆桶状，被排列规则的半透明板状物覆盖，后端有数根针状尖突。口围部在头顶部，被较长的纤毛围裹。以虫体中心为轴，旋转着在水中游泳。新生态虫体透明，成虫后变成深褐色。

常出现在曝气池中有机物少，溶解氧十分充足，处理良好时。

（34）游仆虫属（*Euplotes*）

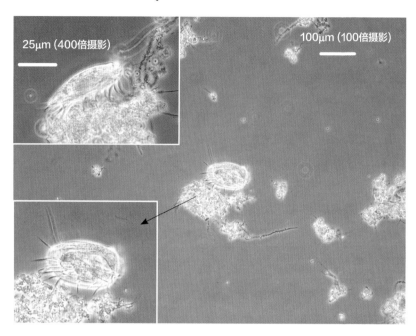

25μm (400倍摄影)

100μm (100倍摄影)

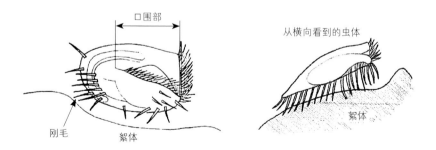

口围部

从横向看到的虫体

刚毛

絮体

絮体

体长：80～155μm

　　游仆虫呈扁平的长椭圆形或卵圆形，腹面平坦而背面隆起。有从前端开始达到体长1/3宽的口围部。虫体的前面和后面有多根刚毛。与楯纤虫一样，用后部的刚毛摁住絮体，用前部的刚毛掐碎絮体捕食。有的也捕食小型鞭毛虫类和纤毛虫类。在水中快速游泳，但捕食时停留在絮体表面或水中。游仆虫一停留，会在虫体周围泛起大的水流以此来辨认。

　　在污泥停留时间长或解体已发生时大多能观察到。耐受溶解氧不足的能力强。

（35）赭纤虫属（*Blepharisma*）

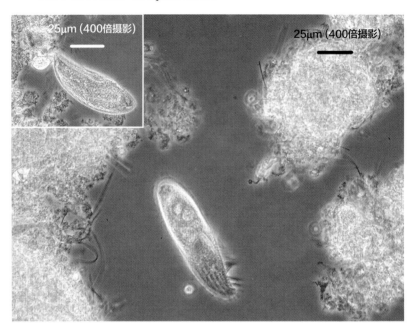

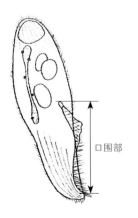

口围部

体长：100 ～ 200μm

　　赭纤虫大多呈有特征的粉红色，但也存在无色的个体。虫体细长，有达到体长一半大小的口围部。口围部有大的波动膜。若左上方相片那样的粉红色虫体大量存在，有时污泥看上去也呈红色。

　　常出现在曝气池中有机物少并已被充分氧化时。

（36）旋口虫属（*Spirostomum*）

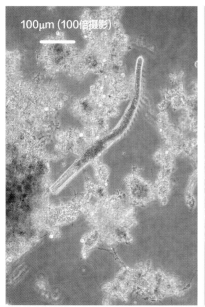
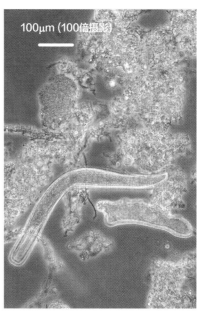

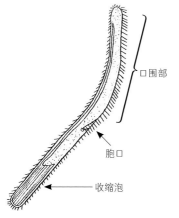

体长：800 ～ 1500μm

旋口虫呈扁平的短尺形，有时达到1000μm（1mm）以上，认为是污水处理中出现的最大的原生动物。虫体后部具有特征的收缩泡，因有透明感容易识别。

从负荷降低后溶解氧浓度升高，污泥解体开始前后，直到解体进行到极端严重，絮体成分散状态为止都能观察到。处理水透明度良好时也多。

（37）鬃毛虫属（*Chaetospira*）

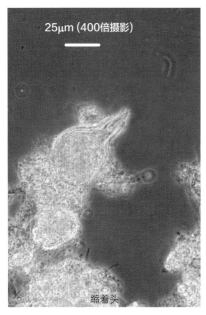 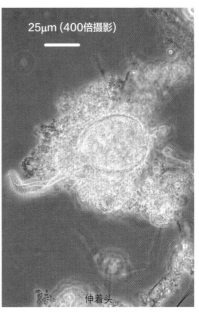

缩着头 伸着头

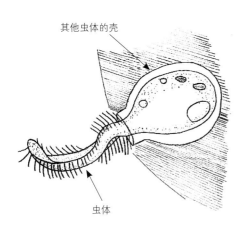

其他虫体的壳

虫体

特别在生活污水混入率高时常出现。

体长：60 ～ 300μm

鬃毛虫生存在混杂到絮体及其他虫壳的烧瓶状壳中，将细长的虫体上部伸到水中捕食。虫体上部惊恐地伸长、收缩。虫体一旦进入壳中，与絮体混淆难以寻找。

出现环境与有壳变形虫相同，从有污泥解体气味开始直到解体发生了时。

（38）鼬虫属（*Chaetonotus*）

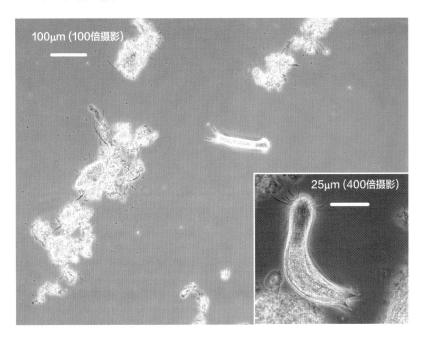

100μm (100倍摄影)

25μm (400倍摄影)

体长：200 ～ 250μm

　　鼬虫是多细胞动物中的一种小动物，日本名称鼬鼠虫。头部圆形，有两对刚毛束，尾突也分成两根。全身被毛覆盖。游泳速度非常快，虫体有特征容易识别。

　　在负荷低时出现，污泥解体发生了时远比轮虫、旋轮虫能更多观察到。

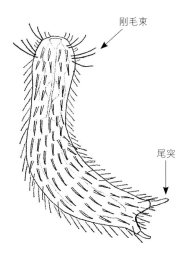

刚毛束

尾突

（39）轮虫属（*Rotaria*）

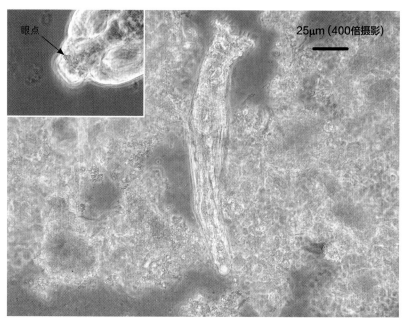

眼点

25μm（400倍摄影）

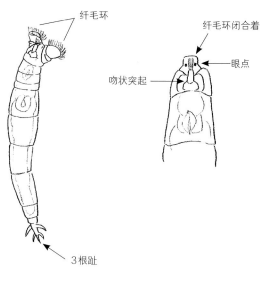

纤毛环

纤毛环闭合着

眼点

吻状突起

3根趾

体长：300 ～ 800μm

轮虫与单细胞原生动物不同，属多细胞小动物的小昆虫类。轮虫从其有3根趾，吻状突起上有眼点来识别。捕食方法将趾部的吸附器附着在絮体上，用头部的纤毛环搅动水流，把游动着的细菌类和微小原生动物吸引过来运送到咽头。

从有机负荷低，污泥解体开始之后到还残留大的絮体为止都能观察到。

小昆虫类以卵繁殖，这点与原生动物不同。因此，小昆虫类的出现环境状态变化后，有时会从卵中孵化出虫体，诊断时必须注意。

（40）旋轮虫属（*Philodina*）

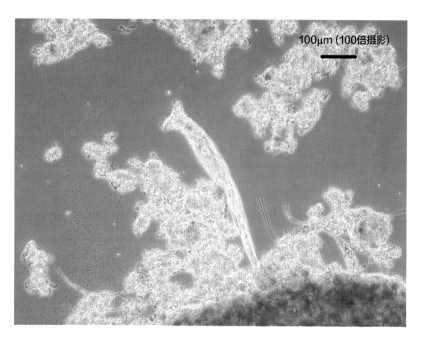

100μm（100倍摄影）

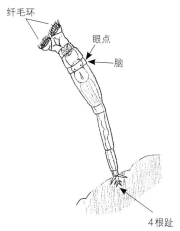

纤毛环

眼点

脑

4根趾

体长：500 ～ 1000μm

旋轮虫与轮虫相同，属于小动物的小昆虫类。不同的是旋轮虫有4根趾，眼点在脑上。捕食方法与轮虫相同。

出现环境与轮虫相同，从有机负荷低，污泥开始解体之后直到还残留有大的絮体为止能观察到。

（41）鞍甲轮虫属（*Lepadella*）

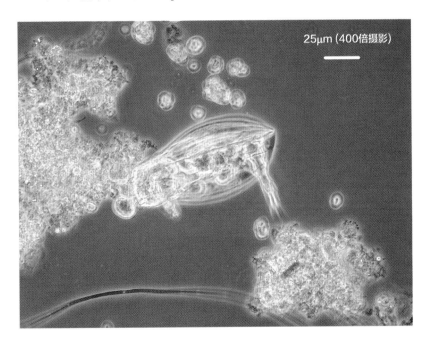

25μm（400倍摄影）

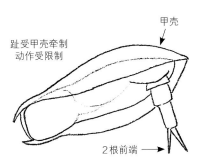

甲壳

趾受甲壳牵制
动作受限制

2根前端

体长：120～200μm

鞍甲轮虫横向看，背中间有独角仙那样的甲壳，趾从腹侧长出，趾的前端分成2根。趾的根数与腔轮虫相同，但腔轮虫的背中间没有甲壳，趾可360°自由转动。相反，鞍甲轮虫只有腹面可动，不能将趾抬到背中央一侧。鞍甲轮虫与腔轮虫可根据背中间有无甲壳和趾的动作来区别。

出现环境与腔轮虫相同，大多出现在有机物被充分氧化状态下，处理水良好时。

（42）腔轮虫（*Lecane*）

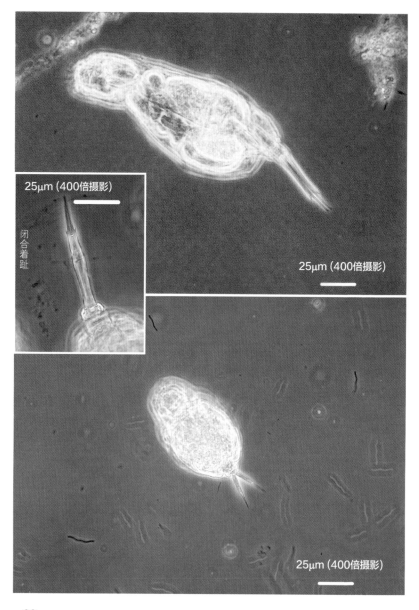

25μm（400倍摄影）

闭合着趾

25μm（400倍摄影）

25μm（400倍摄影）

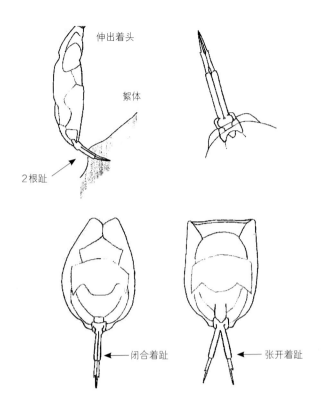

体长：180 ～ 220μm

　　腔轮虫覆甲的背腹面扁平，头缩进时看似卵形或卵圆形。头伸出和缩进覆甲时的形状不同。过去将有2根趾的归为腔轮虫属，有1根趾的归为单趾轮虫属。现在将单趾轮虫属也归为腔轮虫属（参见文献8，環境微生物図鑑，659页）。趾有1根或2根，但即使有2根，若闭合起来后看似1根。相片和插图是头缩进时的姿态和伸出时的姿态。趾看似1根，但仔细看是2根。

　　在流入水浓度低或处理水良好时，溶解氧浓度高时能观察到。

（43）水熊（熊虫）（*Macrobiotus*）

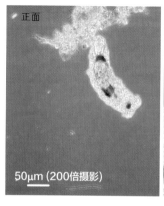

正面
50μm（200倍摄影）

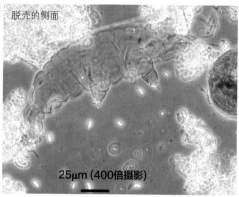

脱壳的侧面
25μm（400倍摄影）

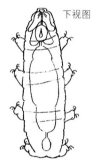

下视图

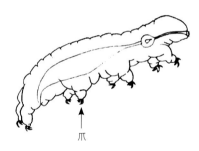

爪

体长：800～1200μm

水熊别名熊虫，因虫体像小玩具熊故称水熊。8只脚上都观察到有爪。有时看似埋在絮体中，其实在絮体与絮体之间，呈现像在幻灯片上一边滑动，一边虫体左右摇摆着步行的姿态，容易识别。捕食方法从头顶部的口中伸出蛰扎进食物，依靠咽头的作用将其吸入。雌雄异体，雌性产卵后把卵留在脱壳中。

在污泥停留时间长，处理水良好时以及污泥解体在进行，处理水中检出有悬浮物时出现。

（44）链涡虫属（*Catenula*）

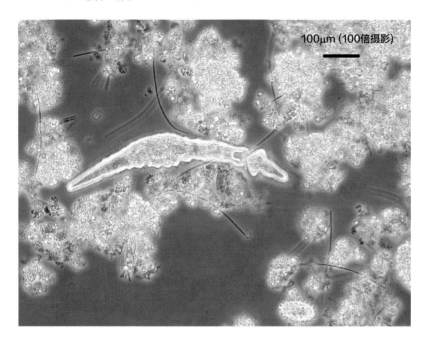

100μm（100倍摄影）

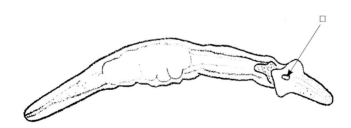

体长：500 ～ 800μm

链涡虫细长与线虫和旋口虫相似，但其虫体前部的口围细，以此来识别。

在污泥停留时间极端长，污泥解体后已成分散状态时出现，个体数不会多。

4.2 曝气池异常状态时的指示生物

A组：氧不足进行状态下出现的生物
（45）硫细菌（*Sulfur bacteria*）：硫杆菌，螺旋菌（*Spirillus*）

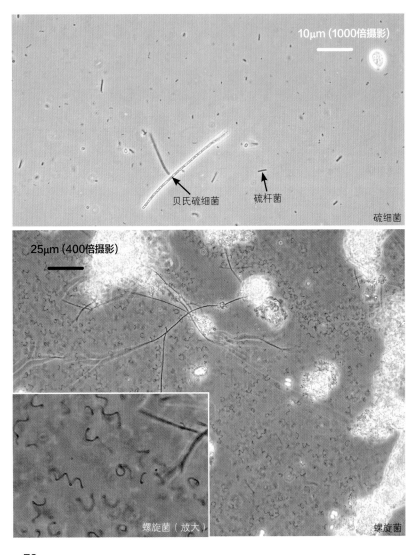

10µm (1000倍摄影)

贝氏硫细菌　硫杆菌

硫细菌

25µm (400倍摄影)

螺旋菌（放大）

螺旋菌

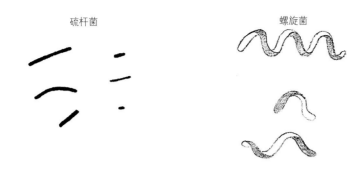

硫杆菌和螺旋菌是硫黄细菌的同类，将氧化硫化物获得的能量用于合成菌体等。短杆菌粗0.5～1.0μm，长1.0～2.0μm。长杆菌是长40～50μm的棒状细菌，具有运动性。螺旋菌粗0.5～1.0μm，长20～100μm呈螺旋状，一边旋转一边自转快速游动。在400倍以上高倍率下，仔细观察可在絮体与絮体之间的水中发现。

若溶解氧轻度不足，能观察到长度短的短杆菌。溶解氧不足进一步发展，能观察到长杆菌和螺旋菌。几个视野中有1～2个左右少量短杆菌，可不必过分担心，但长杆菌和螺旋菌多时，可确认是溶解氧不足的原因。

（46）螺旋体（*Spirochaeta*）

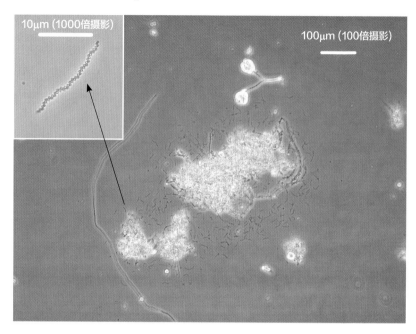

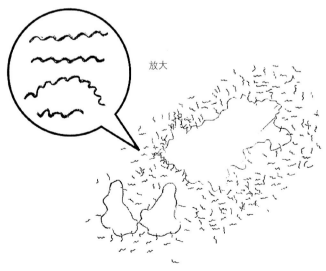

放大

　　螺旋体是硫细菌的同类，有时长度达到300μm以上。螺旋体也具有运动性，但因是双螺旋，作前后滑行运动。显微镜观察刚开始观察不到，大多要过一定时间才从絮体中出现。这是因为随着显微镜观察时间的延长，载玻片上的污泥中溶解氧变得不足的缘故。

　　常出现在溶解氧极端不足时，但如厌氧-好氧活性污泥法的厌氧池、间歇式活性污泥法的沉淀排放过程，凡是存在反应池内无溶解氧过程的场合，即使溶解氧并非不足，大多也能观察到。采用厌氧-好氧活性污泥法及间歇式活性污泥法装置的场合，可同时根据螺旋体及有无其他硫细菌判断溶解氧是否处于不足状态。

（47）异毛目水母虫（*Caenomorpha*）

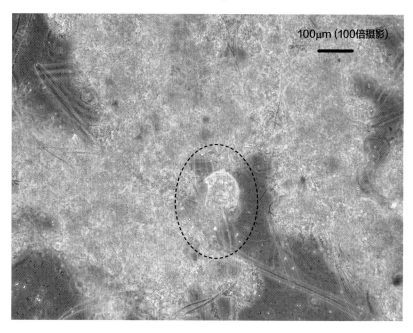

100μm（100倍摄影）

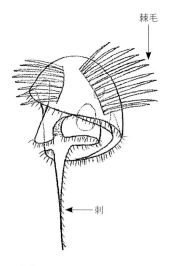

棘毛

刺

体长：100 ～ 150μm

异毛目水母虫因形状有特征，容易判别。水母状的虫体前部有长的棘毛，口围部前端往往看似很尖锐。口围部相反一侧的尾部有长长突出的刺。

大多在曝气池中有机物、污泥腐败，开始产生硫化氢时能观察到。观察到异毛目水母虫时，通常并不是运行过程中溶解氧不足，应尽快寻找出现的原因。

B组：存在死水区状态下出现的生物

（48）颚体虫（*Aeolosoma*）

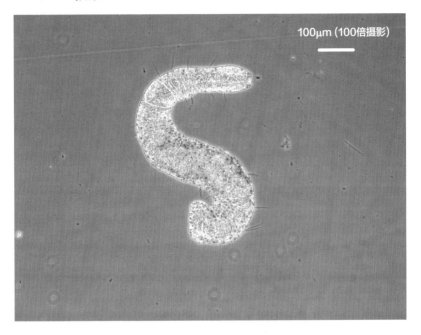

100μm（100倍摄影）

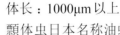

体长：1000μm以上

颚体虫日本名称油蚯蚓。整个虫体上有从橙色到红色或绿色的油滴，虫体的周围有3～5根刚毛束。因颜色和刚毛明显容易识别。

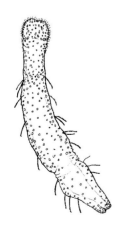

出现环境在有污泥堆积或死水区存在时能观察到，但有时负荷低、曝气量少的场合，即使无污泥堆积区也能观察到。若颚体虫大量增多，有时沉淀池的污泥表面会带红色，这是颚体虫上浮到氧气充足的污泥表面的缘故。仔细观察会发现，若在生物反应池的末端充分供氧，沉淀池中溶解氧不再不足，红色将逐渐消失。

（49）仙女虫（*Nais*）

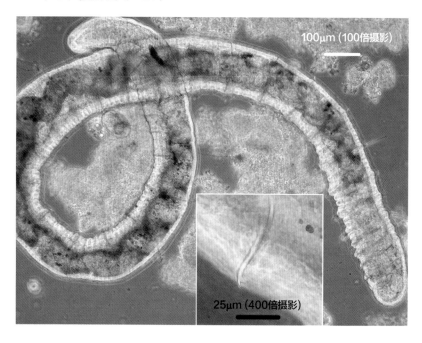

100µm（100倍摄影）

25µm（400倍摄影）

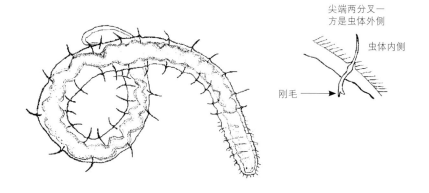

尖端两分叉一
方是虫体外侧

虫体内侧

刚毛

体长：3000 ～ 7000μm（3 ～ 7mm）

仙女虫与颚体虫一样栖息在污泥堆积和死水区，虫体长
3 ～ 7mm。虫体周围有刚毛，虫体外侧的刚毛尖端两分叉，呈中心
圆的S形。即使虫体不能辨认，根据刚毛有可能识别。插图和相片
上都显示有刚毛。

出现环境与颚体虫一样，存在于低负荷运行时曝气池的死水区
及污泥堆积区。通常不浮游，一旦污泥堆积区崩裂，氧气又不足时
能观察到。与颚体虫不同，若污泥堆积区不存在，仅仅负荷低、曝
气量少的状态下仙女虫不出现。

（50）线虫（*Nematoda*）

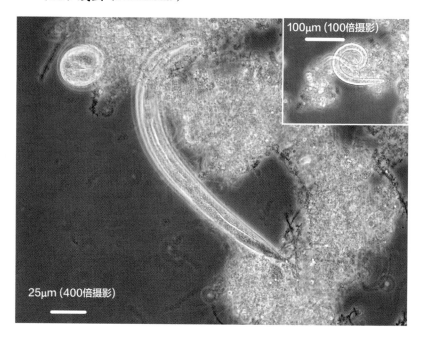

100μm（100倍摄影）

25μm（400倍摄影）

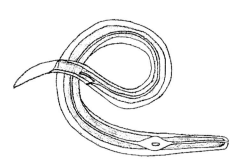

体长：500μm以上

线虫属线虫类，像蚯蚓那样做拱曲运动。线虫的体形适合潜入堆积污泥，适宜有大量堆积污泥时生存。

出现环境与有机负荷无关，曝气池中有大量堆积污泥时出现。与颚体虫和仙女虫相同，因出现与否跟处理水的状态无关，可成为有无污泥堆积区存在的指标，但不能成为处理水状态的指标。

● 丝状菌污泥膨胀

污水处理中出现的丝状细菌种类已知的有二十多种。丝状细菌出现的原因因种类不同而异，因此，对丝状细菌引起的膨胀现象（丝状菌污泥膨胀）采取对策时，做菌种鉴定是必要的。丝状细菌的一般性鉴定是基于Eikelboom的形态学特征分类法，用jenkins，Richard等修正的分类鉴定表。为了判别特征必须用相位差显微镜，放大400倍（物镜40倍）或1000倍（物镜100倍）观察，但有时特征难以掌握或出现环境变化引起形态改变时，正确的鉴定并不容易。其次，也存在与Jenkins等记载的特征不相符的丝状体。

二十多种丝状细菌中引起沉淀池固液分离严重故障的丝状细菌并不多。对SVI影响大的丝状细菌是021N型、0961型、微丝菌、球衣菌、1701型和发硫菌等（见文献22）。021N型引起的丝状菌污泥膨胀在污水领域由于厌氧－好氧活性污泥法的应用，抑制效果提高，最近趋于减少趋势。微丝菌在初春有溶雪水流入的北海道处理厂中引起污泥膨胀的事例很多，五月初连休结束前后似乎比较平稳。因低负荷而污泥停留时间长出现的种类，采用间歇曝气及降低MLSS浓度等提高有机负荷运行可很快解决。

在食品废水处理领域还有021N型、球衣菌、发硫菌、0041型和真菌类的霉菌等也能引起固液分离故障。与生活污水不同，流入负荷、流入基质、营养盐平衡等每天在变动，生物分解性差的物质在增加等原因，各个设施不同原因复杂地交织在一起，确定对策十分困难。另外，引起严重固液分离故障的不局限于丝状菌污泥膨胀，高黏性污泥膨胀及放线菌引起的发泡故障也已确认。

C组：引起污泥膨胀的丝状细菌

（51）球衣菌属（*Sphaerotilus*）

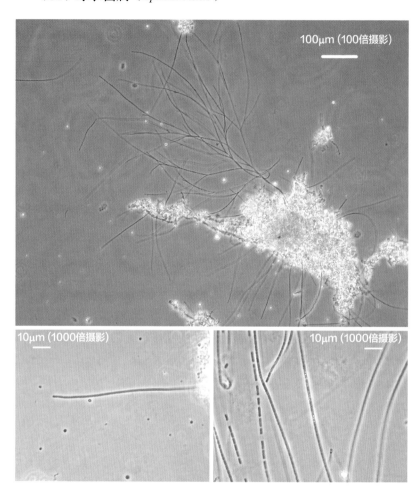

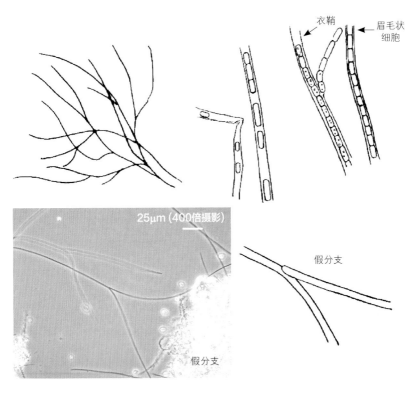

衣鞘

眉毛状
细胞

25μm (400倍摄影)

假分支

假分支

丝状体粗：1.0 ～ 1.4μm，长：500μm 以上

球衣菌的长丝状体略微弯曲或挺直。丝状体带衣鞘，衣鞘中眉毛状的杆菌并行排列。球衣菌繁殖时眉毛状细胞先增殖，周围的衣鞘之后形成。球衣菌的特征之一是形成假分支。假分支只有在增殖期能观察到。

溶解氧浓度低时能观察到从絮体表面伸出来。球衣菌在最合适的条件下增殖速度快，数天内 SV 就上升。大多一脱离出现环境条件，数天内丝状体减少，丝状菌污泥膨胀就消除。

（52）021N型

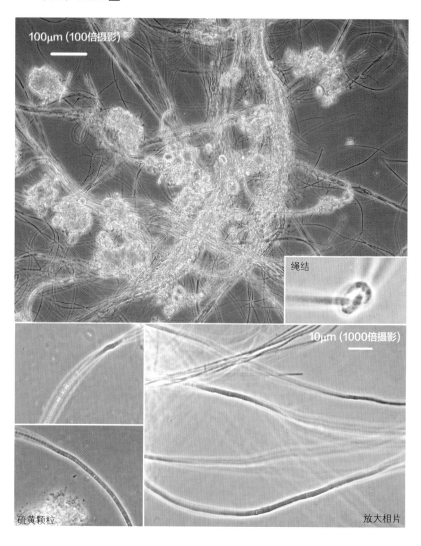

100μm (100倍摄影)

绳结

10μm (1000倍摄影)

硫黄颗粒

放大相片

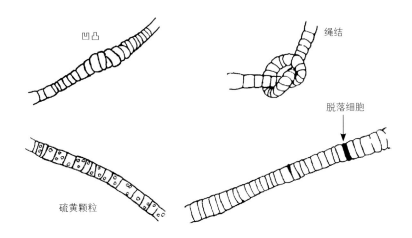

凹凸

绳结

脱落细胞

硫黄颗粒

丝状体粗：1.0 ～ 2.0μm，长：500μm以上

　　它是引起丝状菌污泥膨胀的代表性丝状菌。021N型在低溶解氧浓度下出现，一旦出现即使氧气量增加仍能增殖，要使生物量减少很困难。021N型由鼓状的细胞连接构成丝状体。021N型在丝状细菌中属于能形成长的丝状体，没有衣鞘容易弯曲，有时形成绳结的一类。由不连续的细胞形成的凹凸不平的丝状体容易识别，但也有的形成光滑的丝状体。溶解氧不足一发生，像丝状体内含有硫黄粒子那样隔膜变得不清晰。

（53）贝氏硫细菌（*Beggiatoa*）

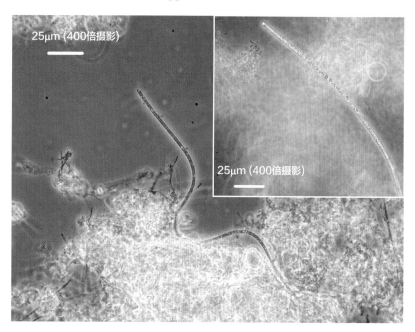

25µm（400倍摄影）

25µm（400倍摄影）

硫黄颗粒

　　丝状体粗：1.0 ～ 3.0μm，长：100 ～ 500μm

　　贝氏硫细菌是一种硫黄细菌，通过代谢硫化氢获得能量。在曝气池中贝氏硫细菌不会增殖，但如（46）螺旋体一节所述，在反应池内存在无溶解氧过程的厌氧-好氧活性污泥法及间歇式活性污泥法运行过程中大多能观察到。贝氏硫细菌是不带分支的丝状体，细胞内含有大量硫黄粒子时做滑行运动，容易识别。溶解氧增加，硫黄粒子一消失就停止滑行，进入能看得见隔膜的休眠状态。

　　大多与螺旋体能同时观察到。同时，硫杆菌和螺旋菌等溶解氧不足状态出现的指示生物观察不到时，可判定不是溶解氧不足而是运行方法问题。休眠状态的丝状体不能识别时，打开样品容器的盖子，放置1 ～ 2天后再观察。若是贝氏硫细菌，样品的污泥界面上会出现白色斑点，用显微镜观察能确认含有硫黄粒子而正在活动的丝状体。

D组：引起发泡的生物
（54）放线菌

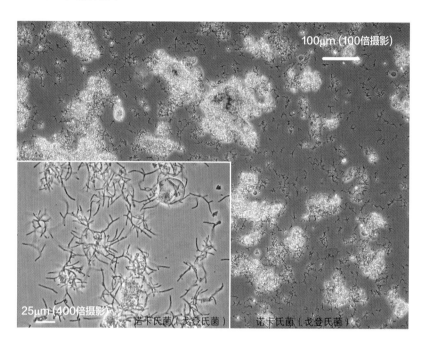

诺卡氏菌（戈登氏菌）　　　　诺卡氏菌（戈登氏菌）

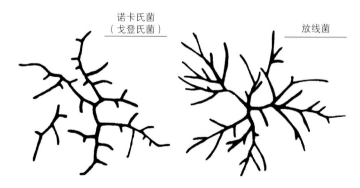

诺卡氏菌
（戈登氏菌）　　　　　　放线菌

菌丝体粗：0.2～0.5μm，长：100μm以下

放线菌是指分支细而短的革兰氏阳性真细菌。现在按分子生物学定义，因此也存在不呈放射状伸展的种类。污水处理中出现的放线菌中有名的是呈直角分支的诺卡氏菌。[代表性诺卡氏菌（*Nocardia amarae*）是近年来已更名的污泥戈登氏菌（*Gordonia amauae*）]。污水处理中出现的，有分支的生物还有霉菌，霉菌丝状宽度大，丝状体也长，因此可根据丝状宽度和丝状体长度与放线菌加以区别。

放线菌作为引起曝气池发泡的生物而有名。但是发泡的原因除了放线菌外还有其他原因，因此，对放线菌采取对策前，有必要用显微镜确认放线菌的存在。放线菌原因引起发泡时能观察到大量的放线菌。

放线菌在污泥停留时间长、曝气过量时，处理腐败污水等有机酸多或含油多的污水时能观察到。

污水处理的发泡现象除了放线菌引起外，其他原因还有：负荷非常高；负荷非常低而细菌类自氧化；进水中混入了蛋白质、油等容易固化的亲油性物质；来自有机物分解过程的代谢产物以及由于杀菌剂、生物毒性物质的混入使曝气池中的生物死亡等等。为了探明原因要从日常检测项目、水质试验、活性污泥试验以及用显微镜对生物状态的观察等综合判断。判断有无毒性物质混入，显微镜观察和测定氧利用速度是有效的。日常处理良好时，可预先测定相关的数据，掌握其平均数值以供异常时参考。

参考文献

1) 活性汚泥の生物相—生物相からの維持管理—, ㈱西原環境衛生研究所(1979).

2) 千種　薫：図説 微生物による水質管理, 産業用水調査会(1996).

3) ㈳日本下水道協会：下水試験方法(1997年版)(1997).

4) Toni Glymph：*Wastewater Microbiology — A Handbook for Operators —*. American Water Workes Association, Denver, Colorado(2005).

5) 盛下　勇：下水処理と原生動物, 山海堂(2004).

6) 栗田工業㈱：よくわかる水処理技術—入門ビジュアルテクノロジー—, 日本実業出版社 (2006).

7) 太田隆久監修：バイオテクノロジーの流れ—過去から未来へ—(㈶バイオインダストリー協会バイオテクノロジーの流れ編集委員会編), 化学工業日報社(2002).

8) 小島貞男, 須藤隆一, 千原光雄編：環境微生物図鑑, 講談社サイエンスティフィク (1995).

9) 堀越弘毅監修：微生物学—ベーシックマスター—(井上　明編), オーム社(2006).

10) 村尾澤夫, 荒井基夫編：応用微生物学, 培風館(1993).

11) 日本微生物学協会編：微生物学辞典, 技報堂出版(1989).

12) 猪木正三監修：原生動物学図鑑, 講談社サイエンスティフィク(1981).

13) 小松夫美雄：糸状細菌の写真集, 日本ヘルス工業㈱(1997).

14) Richard R. Kudo：*Protozoology*. Charles C. Thomas Publisher, Springfield, Illinois(1977).

15) ㈳日本下水道協会：下水道用語集(2000).

16) 水野壽彦：日本淡水プランクトン図鑑, 保育社(1964).

17) 八杉龍一, 小関治男, 古谷雅樹, 日高敏隆編：岩波 生物学辞典 第4版, 岩波書店(1996).

18) 井出哲夫編著：水処理工学(第2版), 技報堂出版(1993).

19) D. H. Eikelboom：Filamentous organisms observed in activated sludge, *Water Research*, **9**(4)365～388(1975).

20) 安田正志, 安田郁子：活性汚泥における糸状微生物の分離と影響因子, 水質汚濁研究, **9**(2)87～96(1986).

21) Jiri Wanner：活性汚泥のバルキングと生物発泡の制御(河野哲郎，柴田雅秀，深瀬哲朗，安井英斉訳)，技報堂出版(2000)．

22) 日本下水道事業団：平成元年度活性汚泥の固液分離障害に関する調査報告書(1990)．

23) 古賀みな子：マニュアルにない水質管理―お金をかけずに求められる水を―，環境新聞社(2008)．

24) 村上孝雄：標準活性汚泥法の維持管理とその課題，環境技術，**37**(4)9 ～ 15(2008)．

● 原著执笔者：大下 信子

    注册工程师（卫生工程和给排水工程）。东邦大学理学部毕业，
后进入株式会社西原环境卫生研究所（现株式会社西原环境），目
前在该公司技术开发部任职。1994～2001年历时五年，担任日本
下水道事业团"基于生物相的水质管理—显微镜实践"讲师。